AF240170

BIBLIOTHÈQUE SCIENTIFIQUE DU DAUPHINÉ

Gaston BONNIER

Membre de l'Institut, Professeur à la Sorbonne.

LA BOTANIQUE

EN CHEMIN DE FER

DU MONESTIER-DE-CLERMONT A SISTERON

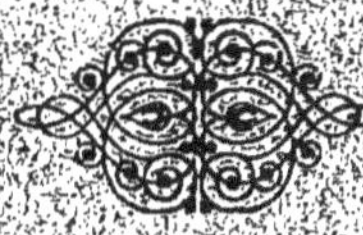

GRENOBLE

Xavier DREVET, éditeur

Imprimeur-Libraire de l'Université et de l'Académie

14, rue Lafayette, 14

Succursale à Uriage-les-Bains

BIBLIOTHÈQUE SCIENTIFIQUE DU DAUPHINÉ

LA BOTANIQUE

EN CHEMIN DE FER

LUS-LA-CROIX-HAUTE ET LE VIADUC DE LA SELLE

BIBLIOTHÈQUE SCIENTIFIQUE DU DAUPHINÉ

Gaston **BONNIER**

Membre de l'Institut, Professeur à la Sorbonne.

LA

BOTANIQUE

EN CHEMIN DE FER

DU MONESTIER-DE-CLERMONT A SISTERON

GRENOBLE
Xavier DREVET, éditeur
Imprimeur-Libraire de l'Université et de l'Académie
14, rue Lafayette, 14
Succursale à Uriage-les-Bains.

Publication du Journal LE DAUPHINÉ.

RÉDACTEUR EN CHEF : Mme LOUISE DREVET, ✪ I.

Membre de la Société des Gens de Lettres.

LE MONT-AIGUILLE, VU DE CLELLES

Je n'ai pas la prétention, sous le titre de *La Botanique en chemin de fer*, de donner un pendant au charmant ouvrage de mon confrère M. de Lapparent, et qui a pour titre *La Géologie en chemin de fer*. Je n'ai d'autre but que de montrer par quelques exemples l'attrait que peut présenter un trajet en chemin de fer pour tous ceux qui s'intéressent aux plantes et en général à la végétation.

Je choisis, comme premier type de ce genre d'observation rapide, l'intéressant trajet qui relie Grenoble à Sisteron, par le col de la Croix-Haute. Je crois qu'un tel exemple fera bien saisir quelles sont les diverses questions de géographie botanique dont peut s'occuper le voyageur restant dans un train, à la seule condition qu'il puisse regarder par la portière de son compartiment.

1° *Du Monestier-de-Clermont à Clelles.* — Je suppose qu'en été, on parte du Monestier de Clermont, ou, si l'on veut, qu'on commence à observer seulement à partir de cette gare.

La gare du Monestier est placée au pied d'une col-
line, dont les pentes exposées au Nord-Ouest sont
couvertes de Sapins blancs (*Abies pectinata*), qui y
ont été plantés. De l'autre côté sont des champs. Au
fond, vers le Sud, on aperçoit le Mont-Aiguille. On
est environ à 830 mètres d'altitude.

A peine le train parti, si l'on regarde les végétaux
qui sont dans les terrains vagues, au bord de la voie,
à droite et à gauche, on peut constater que, malgré
l'altitude assez grande, on n'a pas encore atteint la
limite inférieure de la zone subalpine. On remarque des
plantes qui sont répandues dans les basses montagnes
du Dauphiné : ce sont des buissons d'Argousier
(*Hippophae Rhamnoides*) aux petits fruits d'un rouge
orange, groupés en grand nombre parmi les feuilles
verdâtres de l'arbuste ; des grandes touffes d'une belle
graminée dont les inflorescences brillent au soleil
d'un éclat métallique (*Calamagrostis argentea*) et
dont les tiges peuvent atteindre un mètre de hauteur ;
des Genévriers déjà moins en cône que dans la plaine
ou même aplatis, au sommet ; des Eglantiers de
diverses espèces en buissons isolés, et partout, çà
et là, un grand Chardon à fleurs blanches qui est
caractéristique de cette partie du Dauphiné (*Cirsium
ferox*).

Si l'on veut se rendre compte des zones de végétation que l'on va parcourir, il n'y a qu'à regarder à
gauche de la ligne ou vers le Sud. Par delà les pla-
teaux ravinés du Trièves, les montagnes du Valbon-
nais et de la chaîne de l'Obiou montrent nettement la
zone subalpine où sont les forêts de Hêtres et de Sapins, la zone alpine inférieure où se trouvent les pâturages situés plus haut que les forêts, et la zone alpine
supérieure marquée par les rochers dénudés des
hautes cimes entrecoupées de névés.

Après avoir passé le petit col du Fau, la ligne redescend un peu, et l'on peut apercevoir à droite le Mont-
Aiguille et le Grand-Veymont. On arrive à la station
de Saint-Michel-les-Portes. Au-delà de cette station, le
chemin de fer fait un grand tournant à droite. A l'ex-
trémité du tournant, on traverse un pittoresque ravin

boisé et l'on revoit encore la cime du Veymont. Nous sommes toujours dans la région inférieure des montagnes, mais bien près de la limite de la zone subalpine. Ceci nous est indiqué par de beaux Noyers que l'on aperçoit à droite, non loin de la lisière inférieure des forêts de Sapins. Les arbres les plus fréquents sont les Chênes, les Bouleaux, les Trembles, les Frênes et les Pins à crochet (*Pinus uncinata*), cette variété montagnarde du Pin silvestre.

D'ailleurs, l'observation des plantes qu'on peut voir de près, à droite ou à gauche de la ligne de chemin de fer, nous montre que nous sommes encore en présence des végétaux qu'on peut rencontrer dans la plaine du Drac ou dans la vallée de l'Isère. Ce sont d'abord deux plantes dauphinoises des basses montagnes, l'Epilobe à feuilles de Romarin (*Epilobium rosmarinifolium*) qui étale ses jolies corolles roses et le Dompte-venin à petites fleurs jaunes (*Vincetoxicum laxum*), puis cette curieuse Composée à feuilles de chardon, dont l'inflorescence forme des boules d'un joli bleu (*Echinops Ritro*), la fine Ombellifère à rameaux nombreux et à fleurs blanches (*Ptychotis heterophylla*) et encore les grandes touffes de Calamagnostis argentée, entrecoupées de celles plus petites de l'Ononis à fleurs jaunes (*Ononis Natrix*).

La ligne traverse des bois de Chênes, de Hêtres et de Frênes; on a juste le temps, au tournant, de contempler une superbe vue du Mont-Aiguille, dont on touche presque le pied, et, après un tunnel, on arrive à la station de Clelles.

2° *De Clelles à Lus-la-Croix-Haute.* — En sortant de la station de Clelles, la ligne traverse des champs et des prés qui sont coupés de temps en temps par des ravins dont les bords sont abrupts et boisés, à la manière des cañons d'Amérique. On remarque encore, sur les côtés de la voie, des plantes de la région inférieure du Dauphiné, telles que la jolie Cupidone à fleurs bleues dont l'involucre est argenté (*catananche cærulea*), si commune autour de Grenoble, mêlées au grand Chardon à fleurs blanches.

De temps en temps, les deux bords du chemin de fer sont plantés du classique Robinier Faux-Acacia qui nous masque la vue, et dont les ingénieurs font un emploi souvent abusif.

Au-delà de Chabulière, la ligne fait un tournant à droite ; on voit des Noyers assez mal portants qui croissent à 1.000 mètres d'altitude, puis le chemin de fer passe sur un viaduc au-dessus de la rivière du Percy. On traverse en même temps de grands bois de Pins à crochet, dont quelques-uns sont très élevés ; ce sont les plus beaux de cette espèce dans toute la région.

Depuis cet endroit jusqu'au col de la Croix-Haute, la ligne va couper successivement diverses zones de végétation, et on pourra retrouver la zone des champs et des prés inférieurs après avoir traversé la zone subalpine des forêts. Ceci s'explique facilement. En effet, le chemin de fer monte par une pente graduelle et s'élève progressivement en altitude tout en se déplaçant d'une montagne à l'autre. Or, la limite d'altitude formée par la ligne de démarcation entre la zone inférieure et la zone subalpine est une ligne ondulée qui se relève sur les flancs bombés des pentes et s'abaisse au contraire dans les vallées secondaires où la neige persiste pendant plus longtemps au printemps. On a donc une ligne oblique (le chemin de fer) qui coupe une ligne ondulée en altitude (limite inférieure de la zone subalpine) ; c'est ainsi qu'on peut, successivement et alternativement, retrouver le même aspect de la végétation à mesure que l'on avance.

Par exemple, après le bois de Pins à crochets, mêlé de Sorbiers et de Noisetiers, nous retrouvons des champs et des prés avec des Frênes et même des Chênes, cultivés en têtard et dont on donne les branches à manger aux bestiaux ; puis le chemin de fer traverse de nouveau des bois de Pins, pour nous montrer plus loin les plantes des pentes inférieures des montagnes, parmi lesquelles on remarque, près de la voie, cette grande Ombellifère à fruits ailés *(Laserpitium gallicum)* si commune sur les pentes inférieures du Saint-Eynard ou du Rachais. Plus loin ce sont des Erables de montagnes *(Viburnum opulifo-lium)*, le chemin de fer atteint enfin la zone subalpine et pénètre dans une belle forêt de Sapins blancs, lorsqu'il entre tout à coup dans un long tunnel au bout duquel est la station de Saint-Maurice-en-Trièves.

Autour du réservoir de la gare, on a planté des Epicéas, qui sont peu communs à l'état spontané dans cette région. Leurs branches sombres contrastent avec celles des Pins et des Sapins blancs qui sont en grand nombre, par derrière, à une altitude un peu plus grande.

Si l'on regarde par la portière de gauche, en sortant de Saint-Maurice, on peut contempler une vue magnifique. A gauche, les crêtes de la Moucherolle et du Saint-Michel, où l'on voit si nettement se dessiner, au-dessous des éboulis, la limite sinueuse de la partie supérieure des forêts de Sapins ; au fond le Massif de la Chartreuse, devant soi le plateau du Trièves profondément raviné, à droite Taillefer, les montagnes de l'Oisans et la chaîne de l'Obiou.

Par la portière de droite, on aperçoit près de la ligne des champs de blé et d'avoine qu'on ne moissonne qu'en septembre.

Après un tunnel, on traverse de nouveau la zone des bois inférieurs aux Sapins, on revoit les grandes ombelles des *Laserpitium* et pour la dernière fois les touffes de Calamagrostis argentée et d'Epilobe à feuilles de Romarin.

La ligne traverse un ravin et entre franchement dans la zone subalpine. On peut constater sur les bords de la voie un intéressant remplacement d'espèces. Dans la forêt de sapins, on voit les tiges allongées à fleurs roses de l'Epilobe en épi *(Epilobium spicatum)* qui remplace l'Epilobe à feuilles de Romarin des basses altitudes.

En sortant d'un nouveau petit tunnel, on traverse le grand cône de déjection du torrent de Lalley. On peut facilement se rendre compte de la formation de ce cône de terrain provenant de la montagne de Jocóu, dont on aperçoit à droite les flancs écorchés et ravinés par les eaux.

On traverse encore un bois de Pins et on commence à voir en abondance la grande Gentiane, la Gentiane jaune, une des plantes caractéristiques de la zone subalpine.

Encore un tunnel ; on est tout à fait dans les Sapins. On aperçoit même très bien, à leur sommet, les pommes dressées en touffes qui distinguent facilement le Sapin blanc de l'Epicéa lequel a au contraire les pommes pendantes.

Plus de plantes caractérisant la zone inférieure, plus de *Calamagrostis* ni de *Laserpitium*. Partout l'Epilobe en épi et la grande Gentiane. Sur les délaissés de la voie, à droite, avant un petit tunnel, l'Absinthe aux petites fleurs vertes *(Artemisia Absinthium)* croît en abondance.

Après ce tunnel, on domine à gauche les champs les plus élevés. On peut très bien se rendre compte, à cet endroit, en regardant les flancs des montagnes, des deux côtés, de l'influence qu'exerce l'exposition sur la distribution des végétaux. En effet, au moment où la ligne tourne, on voit, à gauche, des pentes exposées au Nord, au-dessus de la route de voitures, et, à droite, des pentes, à la même altitude, mais exposées au Sud. Les premières sont couvertes de forêts de Sapins et de toute la végétation subalpine, les secondes, bien qu'aussi élevées au-dessus du niveau de la mer, sont recouvertes de Buis et de Noisetiers bas.

Le chemin de fer s'engage alors dans deux tunnels successifs. On n'a pour ainsi dire pas le temps, dans l'intervalle situé entre les deux tunnels, de constater qu'on est au milieu de grandes forêts de Sapins blancs.

On entre alors dans les pâturages de la zone subalpine et on arrive bientôt au col de la Croix-Haute où la ligne atteint l'altitude de 1.167 mètres.

Dès qu'on a passé le col, on redescend dans une vallée exposée en plein midi ; aussi la limite de la zone subalpine est presque tout de suite atteinte ; nous ne retraversons en descendant ni forêts de Sapins ni pentes couvertes de grandes Gentianes.

Bientôt nous apercevons des champs de pommes de

terre. Ce sont ces pommes de terre de montagne, si appréciées des connaisseurs, qui, sous le même volume, renferment plus de substance nutritive que celles de la plaine. Puis, on traverse des champs de blé et d'avoine qui ne mûrissent pas facilement tous les ans. En 1896, année pluvieuse, l'avoine était encore verte à la Toussaint ! Ces champs sont d'ailleurs souvent dans un sol peu favorable, car ils sont tous entourés de grands pierriers formés de tous les cailloux patiemment retirés du sol par de nombreuses générations de cultivateurs.

Nous entrons maintenant dans les districts du Dauphiné où les forêts ont été sur bien des points supprimées par les habitants, transformées en pâturages broutés par les moutons provençaux, et d'où disparaît peu à peu la terre végétale. A gauche, sur le flanc de la montagne, nous pouvons voir une tentative de reboisement (jeunes Sapins et Hêtres) faite par l'administration des forêts.

Un peu plus loin, du même côté, nous apercevons d'autres montagnes, où l'on distingue nettement, au-dessus des forêts subalpines, la végétation des Rhododendrons, qui délimite la partie inférieure de la zone alpine. Au dessus, sont les hauts pâturages alpins. Ces mêmes montagnes de Clairet et de Chamousset nous font voir aussi l'influence qu'exerce l'exposition. Les versants exposés au Nord sont couverts de Sapins, tandis que les versants exposés au Sud n'ont que des Hêtres rabougris.

Après avoir dépassé, à droite, des hameaux dont les maisons ont encore les toits bizeautés des granges de montagnes, les Lussettes (avec une église), les Fauries et Les Villageois, dont les montagnes avoisinantes sont si riches en plantes alpestres (1), nous arrivons à la station de Lus-la-Croix-Haute.

3° *De Lus-la-Croix-Haute à Sisteron.* — On peut

---

(1) Voyez *Excursion Botanique au Grand-Veymont et au col de la Croix-Haute*, par l'abbé Ravaud, où sont décrites les plantes des environs des Lussettes (*Guide du Botaniste en Dauphiné*, 5° *bis* Excursion, Xavier Drevet, éditeur).

profiter de l'arrêt du train pour herboriser rapidement entre les rails, à la station ; on y trouve un curieux mélange de plantes vulgaires qui montent jusqu'à cette altitude et de plantes particulières aux montagnes. J'ai relevé une liste de 34 espèces des premières et de 11 espèces des secondes. On peut compter jusqu'à quatre sortes de Linaires parmi les plantes vulgaires (*Linaria vulgaris*, *L. supina*, *L. striata*, *L. arvensis*). Parmi les plantes plus spéciales, on peut noter les *Calamintha alpina*, *Sisymbrium austriacum*, *Trifolium alpestre*, *Rumex scutatus*, etc. Tous ces végétaux qui poussent sur le ballast sont plus ou moins couchés sur le sol et acquièrent souvent un port très singulier.

Mais revenons à nos observations générales sur la végétation.

Presqu'au sortir de la station, nous trouvons des Noyers qui sont ici bien développés, à une altitude supérieure à celle du versant Nord. Puis la voie traverse des bois formés de Hêtres peu élevés, en touffes, avec des Genévriers aplatis et des Alisiers aux feuilles blanchâtres. Le chemin de fer arrive alors près du Buëch qui roule ses eaux torrentueuses au milieu de Saules en buissons. Ça et là, bien qu'on soit encore à près de 1.000 mètres d'altitude, on peut remarquer des touffes de Lavande dans les délaissés du torrent.

Mais quelle est cette plante qui ressemble au Genêt à balais et qui, cependant, pousse à profusion sur le calcaire, dans les terrains vagues et dans les bois ? Si on ne le savait pas d'avance, il serait impossible de le deviner, car ce Genêt, qui forme jusqu'au-delà de Serres comme le fond de la végétation, est une espèce rare qui ne se rencontre guère en Dauphiné que dans cette région. C'est le Genêt cendré (*Genista cinerea*). Le chemin de fer traverse le Buëch, et dans les maigres bois qui sont sur les pentes, à gauche, on peut voir, partout, ce même Genêt en abondance. De temps en temps, ses touffes, avec celles du Buis et de la Lavande, sont même comme isolées au milieu de terrains dénudés.

A la station de St-Julien-en-Beauchêne, nous retrou-

vons déjà les plantes qui caractérisent la zone inférieure des montagnes dauphinoises et que nous avions
observées entre le Monestier-de-Clermont et St-Mau-
rice-en-Trièves (*Calamagrostis argentea*, *Echinops
Ritro*, *Epilobium rosmarinifolium*, *Vincetoxicum
laxum*, *Ptychotis heterophylla*, etc.).

La ligne traverse de nouveau le torrent et le suit en
ligne droite, ainsi que la route de voitures, sur une
assez grande longueur. Là, le Buëch est endigué et
laisse en dehors de lui des parties inondées couvertes
de plantes aquatiques et en particulier de grands Ro-
seaux (*Typha latifolia*). A gauche, sur les pentes
dénudées de la montagne de Dorbonas, nous retrouvons le Genêt cendré, le Buis, la Lavande et aussi
l'Epine vinette, cet arbrisseau désastreux pour l'agri-
culture, à cause du champignon qui l'attaque et qui
répand la rouille sur les céréales.

Le train arrive à la station de La Faurie. Tout
autour de nous, les sommets des montagnes s'arron-
dissent ; au-dessus des champs sont des prés broutés,
des bois de Pins rabougris et clairsemés, surmontés de
pâturages également broutés. La ligne traverse des
vergers, coupe la route de voitures, et tourne à droite
en même temps que le Buëch, laissant à gauche une
vallée que suit une route allant directement à Veynes.
Après un tunnel, la vallée du Buëch s'élargit et les
montagnes s'abaissent. On voit, à gauche, des endroits
humides où sont singulièrement mélangés des Saules,
des Pins et des carrés cultivés. Le train atteint la
station d'Aspres-sur-Buëch qui est à environ 770 mètres d'altitude.

On peut dire que nous avons terminé ici les observations sur la végétation des montagnes ; nous avons
noté de près toutes les transitions entre la flore
inférieure et la flore subalpine. Nous avons vu de
loin la zone alpine et nous avons retraversé en sens
inverse, sur un versant Sud, les mêmes limites de
végétation.

Dans la dernière partie du trajet qui nous reste à
faire, ce ne sont plus les variations en altitude qui

vont attirer notre attention, mais les variations en latitude, ou, plus exactement, l'intéressant passage de la zone tempérée à la zone méditerranéenne dont la flore si spéciale tranche nettement en France sur toutes les autres flores.

Le chemin de fer tourne à gauche et remonte la vallée du Petit Buëch pour atteindre la station de Veynes. On a devant soi, sur la rive gauche de la rivière, un exemple remarquable des montagnes dévastées du Dévoluy, où la suppression des forêts a entraîné la disparition de toute végétation et de toute terre végétale. A voir ces monts ravagés par les torrents, bruns ou violacés, il semble qu'on a devant les yeux une carte en relief modelée avec de la terre glaise. Si l'on n'apercevait de temps en temps une vieille tour ruinée sur les sommets décharnés de ces monts stériles, on se croirait volontiers dans les montagnes de la Lune. En regardant par la portière, on peut voir encore d'autres pentes dénudées des deux côtés de la vallée de Veynes : ce sont celles du Mont-Séuse et du Mont-Aurouse.

A Veynes, le train revient sur lui-même après un arrêt, et nous pouvons revoir le trajet que nous venons de faire, jusqu'à la bifurcation de La Baumette. A gauche, c'est le torrent qui désole toute la vallée ; à droite ce sont des terrains vagues et incultes avec des buissons d'Argousier, du Mélilot blanc et des plantes déjà notées du côté du Monestier *(Ononis Natrix, Cirsium ferox, Catananche cærulea, etc.)*, mêlées de Vipérines bleues, de Cupidones et de Panais sauvages aux fleurs jaunes. De temps en temps, quelques vignes, avec leurs petits bastidons, grimpent sur les maigres flancs des coteaux.

Au-delà de la bifurcation de La Baumette, la ligne se dirige directement vers le Sud, toujours en suivant le Buëch, et nous pouvons noter, près de la station du Pont-de-Chabestan, quelques Chênes-verts qui nous indiquent le voisinage de la région méditerranéenne.

A droite, nouvelle indication : les dépôts d'anciennes alluvions glaciaires sont çà et là recouvertes par des touffes de Thym *(Thymus vulgaris)*, autre plante caractéristique de la région des Oliviers.

Les montagnes deviennent de plus en plus pelées ; la ligne traverse le Buëch avant son confluent avec le Petit Buëch, et à cet endroit, les plus beaux arbres du pays sont peut-être les tristes Faux-Acacias plantés sur les talus du chemin de fer.

A droite, on voit la pittoresque petite ville de Serres, qui a déjà une allure toute méridionale ; puis, dès qu'on a franchi avec le Buëch l'échancrure entre les montagnes qui est avant la station de Serres, on trouve en abondance, des deux côtés de la voie, certaines espèces méditerranéennes, bien qu'on soit encore à 660 mètres d'altitude. Telles sont : l'Ibéris à feuilles de Lin *(Iberis linifolia)* aux beaux corymbes de fleurs violettes, la Scabieuse blanche *(Scabiosa leucantha)*, etc....., Partout, dans les champs, on cultive les Amandiers.

Nous sommes géographiquement dans la région des montagnes, et, par la végétation, nous nous trouvons déjà dans le Midi.

D'ailleurs, il y a mélange encore entre les plantes montagnardes et les espèces méditerranéennes. A Eyguians-Orpierre, où la ligne est à 600 mètres d'altitude, les plantes que nous venons de voir sont mêlées au Ptychotis, au Calamagrostis et à plusieurs autres espèces que nous avons déjà notées dans notre trajet.

La dévastation des terrains que nous traversons devient encore plus complète : tantôt c'est le Buëch qui envahit toute la plaine pour y déposer des cailloux roulés, tantôt ce sont les torrents latéraux qui ont raviné toutes les pentes des anciens dépôts glaciaires.

Nous pouvons alors, d'ici à Sisteron, par les stations de Laragne et de Mison, observer un nombre de plus en plus grand d'espèces caractéristiques de la région méditerranéenne, et, en continuant un peu au-delà de Sisteron, avant Château-Arnoux, nous apercevrions les Oliviers.

La transition n'est donc pas très longue entre la flore tempérée et la flore méditerranéenne, qui remonte ainsi par la vallée de la Durance, jusqu'à une latitude assez grande, en même temps qu'à une altitude élevée.

Telles sont les diverses observations que nous aurons pu faire dans ce trajet rapide entre le Monestier-de-Clermont et Sisteron. C'est un exemple remarquable de la variété des sujets d'études que peut présenter la Botanique en chemin de fer.

GASTON BONNIER,

Membre de l'Institut, Professeur à la Sorbonne.

CHEMIN DE FER DE LA CROIX-HAUTE

BIBLIOTHEQUE NATIONALE DE FRANCE
3 7531 05030540 9